AF597206

L'UTILE A DÉCOUVERT

POUR L'AVENIR SOCIAL.

Tout exemplaire non revêtu de la signature de l'auteur sera considéré comme contrefait, et le contrefacteur sera poursuivi selon les rigueurs de la loi.

L'UTILE
A DÉCOUVERT
POUR L'AVENIR SOCIAL

PAR

P.-T. RIBAULT

LETTRE D'ÉCONOMIE RURALE
ADRESSÉE A MM. LES HABITANTS DE POITIERS.
— MALADIE ET DÉGÉNÉRATION DE LA POMME DE TERRE :
MOYEN D'Y REMÉDIER. — OBSERVATIONS SUR LES CAUSES DE LA
MALADIE DE LA VIGNE ET SUR SA CULTURE ; — MALADIE DES
VOLAILLES : SOINS HYGIÉNIQUES POUR LES EN PRÉSERVER.—
ORIGINE, IGNORÉE JUSQU'ALORS, DE L'ANGUILLE D'EAU
DOUCE : MANIÈRE DE L'ÉLEVER. — INONDATIONS DE
LA LOIRE : MOYEN DE LES ÉVITER.—LE TRAVAIL,
L'AGRICULTURE ET LE COMMERCE : THÈSE
D'ÉCONOMIE POLITIQUE. — LETTRE
D'ÉCONOMIE POLITIQUE, ÉCRITE A
M. AGRICOLE PERDIGUIER,
EX-REPRÉSENTANT
DU PEUPLE
EN 1848.

POITIERS
TYPOGRAPHIE DE A DUPRÉ
RUE NATIONALE, 13

1873

OBSERVATIONS.

Dès mon jeune âge, j'ai eu une inclination prononcée pour l'étude de la nature, en l'envisageant principalement sous le rapport du travail utile à la société.

Pour satisfaire mes goûts, je me suis livré à la science agricole, après avoir acquis, par la théorie et par la pratique, les connaissances qu'exige cette noble profession.

Je pris à tâche de chercher dans l'inconnu certains faits jusque-là encore ignorés, d'où découle un ensemble de procédés utiles pour la pratique de l'art en question, en me proposant de les livrer au public, et notamment aux habitants de la campagne, la plupart étrangers à la connaissance du progrès.

Pour arriver à ce résultat, je résolus de faire un ouvrage intitulé : *Le Nouveau Manuel des écoles primaires et des jeunes agriculteurs*, rédigé d'après le programme de M. le Ministre de l'instruction publique. — Le prospectus suit la fin de cet extrait.

Cet ouvrage devait être livré aux écoles des campagnes, comme livre de lecture courante : c'est le moyen que j'avais choisi pour le mettre à la connaissance des petits agriculteurs.

Tout méritant qu'il est, et malgré les demandes qui en ont été faites, il n'a pas été livré à la publicité, par un motif que je ne puis dire pour le moment. C'était en 1855 que je faisais ce travail. Depuis cette époque, j'ai eu mille occasions de faire de nouvelles remarques, de le modifier, de le rectifier et de l'augmenter.

Tout cela formant un volume spécialement fait pour la jeunesse, j'ai cru devoir livrer à la publicité ce petit extrait, sous le titre de l'*Utile à découvert*, pour donner connaissance au public de diverses choses ignorées et utiles à la société.

Dans la variété de ce petit travail, je commence par une *Lettre d'économie rurale adressée à Messieurs les Habitants de Poitiers.* Je donne ensuite : les *Causes de la maladie et de la dégénération de la pomme de terre, le moyen d'y remédier ;* une *Observation sur les causes de la maladie de la vigne et sur sa cul-*

ture; les *Causes de la maladie des volailles, et les moyens de les en préserver;* l'*Origine de l'anguille d'eau douce, ignorée jusqu'alors, et le moyen de l'élever;* une *Observation sur les inondations de la Loire, et les moyens de les éviter;* une *Observation sur le travail, l'agriculture et le commerce* : thèse d'économie politique; une *Lettre d'économie politique*, écrite à M. Agricole Perdiguier, ex-représentant du peuple en 1848, et le prospectus du *Nouveau Manuel des écoles primaires et des jeunes agriculteurs*. Ce dernier ouvrage est mis en vente.

L'UTILE A DÉCOUVERT

POUR L'AVENIR SOCIAL.

A Messieurs les habitants de Poitiers.

Puisque, dans *l'Utile à découvert*, j'ai pris à tâche d'exprimer quelques observations que je crois utiles à la société en général, je ne puis m'empêcher de vous adresser quelques mots, Messieurs, pour vous faire connaître l'esprit qui m'a dominé, et pour vous dévoiler ensuite les remarques utiles que j'ai faites, comme libre-penseur et ami du progrès. Si je vous fais quelques légers reproches, vous m'accorderez, je l'espère, vos bonnes indulgences : elles me sont légitimement dues, puisque je suis guidé par l'intérêt que je porte au pays où je suis né, que j'habite, et que vous-mêmes habitez.

Chacun de vous a le désir de voir sa cité s'embellir, son pays s'enrichir. Poitiers a commencé à s'embellir intérieurement, à sortir de l'ornière profonde et pénible du vieux temps; il a suivi enfin, sous la direction de ses habiles administrateurs, l'élan du progrès; des rues ont été percées, la préfecture et des halles ont été construites, et bientôt nous posséderons une magnifique mairie. Tout cela, Messieurs, donne des charmes à Poitiers; mais, hélas! ce n'est pas l'intérieur seul qui offre des avantages à une ville : l'entourage est le plus important pour la richesse, et les agréments de la vie.

C'est en parcourant les routes qui sillonnent les plaines que l'on juge des ressources de la contrée.

Sur ces routes, le voyageur apprécie surtout le génie et l'esprit qui commandent aux hommes détenteurs de la propriété; il juge aussi des avantages que le pays peut réaliser.

Généralement, les campagnes qui entourent Poitiers sont très-agréables et productives; on y trouve des vignes, des céréales, des prairies artificielles, des plantes légumineuses, etc. Mais, je le vois avec douleur, aux yeux du connaisseur il y a un côté qui appauvrit, qui déprécie la ville, je dirai même le département : c'est la contrée placée au sud-est. A l'exception de quelques petits propriétaires, près de la ville, qui cultivent bien, et un habile pépiniériste qui a su y faire prospérer toutes espèces de plants, le progrès n'y a encore rien fait.

On n'a pas encore su y mettre les plants qui conviennent au sol.

Combien de fois, en parcourant la route de Poitiers à Limoges, ai-je récriminé contre les honnêtes propriétaires riverains !

On s'est borné à n'y faire généralement que des céréales. Le sol, faible de sa nature, en est fatigué, et l'imperméabilité du sous-sol ne permet pas, sans trop de frais, d'y faire des prairies artificielles pour le reposer.

Le sous-sol est parfois marneux, argileux; dans des contrées, c'est un argile ferrugineux. Ces sous-sols, presque imperméables, rendent la couche végétale froide et improductive pour la culture des plantes fourragères, qui sont la base de la culture des grains. Aussi, à partir d'une distance de trois kilomètres de Poitiers, quel aspect offrent aux regards ces plaines immenses? A l'exception de quelques vallons et de quelques bois, on n'y voit que des terres incultes, laissées en jachères, ou cultivées sans avantage, et les landes y trouvent une large part. Pourquoi ne pas donner au sol la plante qui lui est propre? — La vigne blanche y convient parfaitement; sa culture y serait facile.

Qu'on examine les sites : quel bel aspect offriraient ces plaines qui descendent sur Mignaloux! Si l'on arrive à Beauvoir, que l'on se figure voir ces belles pièces de terre qui bordent l'allée de ce magnifique château, ainsi que le plateau qui y fait face, couverts de cet arbrisseau : quelle beauté cela procurerait à cette immense propriété, quels avantages cela donnerait au propriétaire !!!

En continuant la route, on rencontre la Chaboissière. Malgré les améliorations que son intelligent propriétaire y a fait faire, elle laisse à désirer. Que de terres en brandes, et que d'autres, cultivées, qui ne conviennent qu'à la vigne !

Si l'on arrive à Fleuré (que l'on dit pauvre en culture), que de richesses on y trouverait, si ces immenses plaines qui l'entourent, et qui sont aujourd'hui couvertes de landes, ou exploitées sans bénéfices, étaient pourvues de la plante qui leur convient, la vigne ; elle y pousse très-bien, et y donne même avec avantage de bons vins !...

Jusqu'à cinq kilomètres de Lussac-les-Châteaux, le pays ne demande qu'à sortir de la routine du vieux temps. A droite et à gauche de cette ligne, quel beau pays vignoble on peut y créer ! quelle richesse cette contrée presque inculte, ou cultivée sans application convenable, donnerait au département !... Quelle fortune cela procurerait aux propriétaires, en venant en aide à la classe ouvrière ! On ne viendra pas m'objecter que la vigne ne peut y produire, puisqu'on en rencontre partout quelques parcelles qui offrent un rapport avantageux.

On me dira que cela est coûteux ; il est vrai que la plantation de la vigne est coûteuse ; mais vous avez tous, Messieurs, les attelages nécessaires dans vos fermes ; vous faites labourer pour récolter souvent une avoine qui ne vous paye pas vos dépenses de culture.

D'après un compte exactement fait et porté au

maximum, la vigne faite pour être cultivée à la charrue coûte, au plus, par année, 100 francs l'hectare; admettons qu'elle sera quatre ans sans rapport, vous aurez 400 francs de dépenses par hectare.

La valeur intrinsèque de ces terres à l'état actuel est de 600 à 800 francs l'hectare; affermées, ou à moitié, elles rapportent au plus deux et demi du cent, ce qui forme un revenu annuel d'environ 20 francs par hectare.

L'hectare de terre plantée en vigne, rendue à l'état de rapport, revient à 1,000 ou 1,200 francs, suivant la valeur du sol à l'état primitif et les dépenses faites; et dans ces mêmes contrées, la vigne en rapport ne vaut pas moins de 2,000 francs l'hectare. Par ce moyen, la valeur du sol inculte, avec la mise de fonds, est donc doublée. Mais le bénéfice ne s'arrête pas là : la vigne, soit affermée, soit cultivée par son propriétaire, rapporte, au capital de 2,000 francs, 5 pour cent le moins, ce qui forme de revenu le chiffre de 100 fr. par hectare. En déduisant l'intérêt de la mise de 400 fr., qui est de 20 fr., il reste 80 fr. de revenu par hectare; ce chiffre est loin de celui de 20 fr., revenu actuel : il est quadruple. Voilà les bénéfices incontestables que les propriétaires de cette contrée peuvent réaliser dans ce changement de culture.

On me répondra qu'il faut des avances de capitaux. Il est vrai qu'il faut avancer; mais, en conduisant l'entreprise progressivement, l'avance paraît peu sensible, et, lorsque l'on est propriétaire, on peut toujours se procurer l'argent nécessaire à l'industrie agricole. On me dira : il faut des engrais à cette vigne. Dans beaucoup de contrées, on fume la vigne en y mettant au pied du plant des ajoncs, enfin de cette litière des bois ou des brandes, il n'en manque pas. On peut aussi faire des terreaux avec des gazons et de la chaux.

Il y a une autre cause que l'on objectera : c'est le manque de bras. Il est vrai que la vigne nécessite beaucoup de travail; mais peuplez le pays, faites construire sur vos plaines, à la proximité des routes, de petites maisonnettes que vous affermerez à des hommes de journée, que vous retirerez des pays peuplés ou des faubourgs d'une ville : vous aurez alors sous votre main les bras nécessaires.

Une maisonnette de locataire, construite avec économie, coûtera de 1,200 à 1,500 fr., que vous affermerez, avec 10 ares de terre pour jardin, 60 fr. Vous retirerez ainsi l'intérêt de votre argent, et vous aurez des hommes à votre besoin. Figurez-vous maintenant, 'Messieurs les propriétaires, l'aspect que vous donnerez à ces plaines souvent incultes ou couvertes de landes : des maisonnettes de bon goût placées sur les routes, avec des jardins à proximité, et les grandes pièces couvertes de cet arbrisseau charmant et verdoyant qu'on appelle la vigne. Les meilleurs morceaux, les vallons ensemencés en blé, en légumes ou en prairies donneraient le complément de la beauté aux avantages qu'ils procureraient.

C'est la population et le vouloir qui manquent de ce côté de notre département, ou mieux, on n'a pas encore pensé à la marche à suivre pour faire divorce avec l'ancienne routine, bien arriérée.

Déliez vos bourses, Messieurs les détenteurs de la fortune; faites travailler l'ouvrier, améliorez vos propriétés; c'est uniquement le sol français et le travail qui peuvent remédier aux maux dont nous ont gratifiés l'ambition et la traîtresse politique des hommes malfamés. C'est en expédiant à l'étranger nos grains, nos produits alcooliques, industriels, que nous ferons revenir chez nous le numéraire qui nous fait défaut en ce moment.

Puisque j'ai commencé, permettez-moi de vous émettre une autre idée encore très-utile. L'agriculture s'allie avec avantage à bien des industries. Parmi toutes ces industries, il en est une que je serais heureux de voir marier à une exploitation agricole près de Poitiers : c'est une fabrique d'huiles sur une grande échelle. Le pays en est dépourvu ; cependant il produit quantité de graines oléagineuses et de noix. Cette fabrication offre des avantages immenses à une exploitation agricole.

Les tourteaux sont un engrais puissant à mettre sur le sol, ensuite ils nourrissent et engraissent les animaux qui donnent le fumier : celui-ci est la base de toute culture.

Par la jonction de ces deux industries, on peut se

procurer sur place des engrais qui ne coûtent rien ; l'engraissement des animaux paye les tourteaux et les autres produits d'alimentation.

Vous sollicitez une manufacture de tabacs : espérons que vous l'obtiendrez.

Lorsque vous l'aurez obtenue, il faudra cultiver cette plante. Le tabac est très-avantageux à cultiver, mais il est très-épuisant; il exige beaucoup d'engrais, et n'en produit pas : il est donc utile d'allier sa culture à une industrie qui en produit. Une entreprise de cette nature serait très-lucrative. Un homme intelligent, administrateur, ne peut qu'augmenter sa fortune dans une exploitation de ce genre bien dirigée. L'homme au cœur humain peut même y trouver une douce satisfaction; en effet, dans une huilerie, il faut casser et éplucher les noix; ce petit travail n'exige pas de peine : il peut se faire, par le mauvais comme par le beau temps, par les personnes faibles comme par les fortes. A l'aide de cette entreprise, on peut rendre bien des services aux nécessiteux. Dans une ville, on trouve des infirmes, des vieillards des deux sexes, sans moyens d'existence, et auxquels l'âge a enlevé les forces nécessaires aux travaux ordinaires. Les hospices et la charité ne peuvent venir en aide à tous. Dans une huilerie, on peut employer ces personnes à nettoyer les noyaux de la fabrication. On peut ainsi leur faire gagner, à l'abri, dans un appartement chaud en hiver, le dernier pain de leurs vieux jours.

On peut enfin, par un travail proportionné à leurs forces, leur procurer les secours de l'existence libre, qui fait le bonheur de chaque être.

Agréez, Messieurs, l'entier dévoûment de votre très-humble et respectueux serviteur.

CAUSES PHYSIQUES ET ACCIDENTELLES DE LA MALADIE DES POMMES DE TERRE,

ET DE LEUR DÉGÉNÉRATION.

MOYEN D'Y REMÉDIER.

Le fléau qui a atteint cette plante si utile à la société a donné à beaucoup d'hommes du progrès l'idée de chercher les causes de sa terrible maladie et le moyen de l'en préserver. Malheureusement aucun n'est arrivé au résultat qu'il désirait, parce que ses recherches étaient en dehors de la voie naturelle qu'il faut prendre dans l'étude des plantes exotiques.

Nous n'avons pas la prétention d'être plus fort que nos devanciers, mais nous avons la certitude d'avoir pris la marche convenable, et de produire sur cette plante des données justes.

Les causes de la maladie de la pomme de terre, et sa dégénération, tiennent tout simplement à l'origine de cette plante, aux influences atmosphériques, à la composition du sol et au climat, choses qui agissent sur le règne végétal comme sur le règne animal.

Les diverses variétés de pommes de terre nous viennent du Pérou et de quelques autres contrées d'Amérique; c'est dans ces contrées du globe que la nature les a placées; là, elles poussent souvent sans culture; elles se trouvent dans des terrains féconds et sous une température bien plus élevée qu'en France, cause première de leur détérioration et de la dégénération.

Ce sont les Espagnols qui nous ont importé cette plante en Europe, et c'est la Hollande qui a commencé à la cultiver sur une grande échelle; la France a, comme les autres puissances, suivi cet exemple.

Dès le début, cette plante donnait des produits surprenants en qualité et en quantité. Elle a produit pendant un demi-siècle sans être trop altérée, cependant, comme toutes les plantes exotiques, en s'affaiblissant progressivement. En 1846, une grande pluie générale, qui est tombée vers le 20 juin, a refroidi le sol, et fait naître cette maladie que l'on a appelée *le champignon*. On se le rappelle : avant cette époque la pomme de terre était farineuse, savoureuse; elle contenait beaucoup de gluten, et était enfin très-nutritive. Depuis ce temps, le mal n'a pas disparu, les fruits ont été corrompus tous les ans, selon que l'année était plus ou moins pluvieuse au moment de la fructification. C'est quand le fruit se forme que les pluies ont tant d'action sur cette plante; ses fruits sont devenus de plus en plus aqueux, en perdant progressivement leur force végétative. Aujourd'hui ils sont presque rendus à l'état stérile. La majeure partie n'a presque plus de germe pour se reproduire : ce ne sont que des filaments qui ne peuvent prospérer. Bientôt la pomme de terre sera sans valeur, notamment dans les sols froids ou argileux. Nous avons cependant une variété qui a conservé jusqu'alors sa force reproductive : c'est la pomme de terre *chardon*. Mais son fruit trop aqueux contient peu de substances nutritives. Elle ne convient que comme plante fourragère.

D'après ce qui vient d'être dit, il n'y a pas à douter des causes de la maladie et de la dégénération de cette plante, puisque personne n'ignore l'influence du climat, de la température et du sol sur les végétaux. La pomme de terre, toute rustique qu'elle est, ne devait-elle pas supporter les conséquences de son déplacement, et en subir naturellement les influences ? cela était inévitable. Ce sont les lois de la nature. Si cette plante a pu se maintenir en France environ cinquante ans sans subir trop d'altération, elle n'avait pas moins perdu de ses forces vitales, et la cause accidentelle est venue compléter le mal. On peut encore ajouter que cette grande pluie de 1846, qui les a décomposées, pouvait devenir une eau insalubre contenant des principes nuisibles à cette plante déjà affaiblie.

AUTRES FAITS PRÉJUDICIABLES.

On nous permettra d'exposer ici une idée qui nous fait croire que le mal est plus grand qu'on ne l'a pensé jusqu'alors ; il aurait atteint des proportions que la science n'a point encore découvertes.

La pomme de terre corrompue ou attaquée de pourriture contient des principes contagieux, qui peuvent se transmettre, ou donner une maladie aux animaux qui en mangent. D'ailleurs la science médicale démontre que la nourriture gâtée ou en partie corrompue donne aux animaux des maladies soit charbonneuses ou inflammatoires, etc.

Nous devons le dire ici, nous ne sommes pas assez autorisé pour affirmer cette assertion ; nous ne pouvons qu'exposer notre idée, selon les remarques que nous avons faites sur ce sujet, en priant les hommes de l'art de chercher, de rectifier et d'étudier.

Chose étrange, cette maladie que l'on nomme *le typhus*, qui a fait tant de ravages dans l'espèce bovine, s'est déclarée dans les contrées où la pomme de terre est une des principales récoltes et une partie de la nourriture de ces animaux : par exemple, l'Écosse, la Hollande, la Belgique, etc. Dans ces pays, on nourrit les bœufs, notamment les vaches, avec les résidus de distilleries de pommes de terre.

Dans nos voyages, nous avons souvent remarqué aussi que les propriétaires s'empressaient de faire consommer ces produits lorsqu'ils les voyaient attaqués de pourriture. C'est précisément dans ces contrées du Nord que cette épizootie de l'espèce bovine s'est déclarée. A quoi attribuer cette cause épizootique ? est-ce à un air vicié ou à la nourriture ? Les pommes de terre en partie pourries que les animaux mangent pourraient bien en être la cause, puisque la nourriture gâtée altère le sang et fait déclarer le mal.

On peut émettre des doutes, mais on ne peut pas confirmer le contraire. Le typhus est une maladie commune en Amérique; c'est là que les Européens l'ont vue la première fois. Comment cette épizootie est-elle venue frapper chez nous l'espèce bovine? c'est ce qu'il faut chercher à connaître.

Nous allons reproduire ici une explication qui nous a été faite par un célèbre professeur. — Il s'exprimait ainsi : « Lorsqu'une maladie nouvelle a paru sur notre continent, elle provient d'une région étrangère, et elle nous a été apportée soit par le contact des êtres, soit par des miasmes que l'air nous transmet, ou soit par une nourriture provenant des contrées où cette maladie épizootique a pris naissance. Lorsqu'elle a paru une première fois, elle passe à l'état chronique dans l'espèce, et elle peut reparaître sans être occasionnée par la cause primitive. »

D'après cette explication, il ne serait pas étonnant que la pomme de terre corrompue fût la cause du typhus chez l'espèce bovine.

Nous devons ajouter encore que ces fruits, mis en tas et à l'état de putréfaction, contiennent un virus végétal, et laissent échapper un gaz putride, qui peut seul, en viciant l'air, occasionner une épizootie.

Laissons ici ce qui vient d'être dit sur les graves

inconvénients de la maladie de cette plante ; admettons, si l'on veut, que sa décomposition n'offre aucun danger pour l'espèce animale ; il y a assez de mal connu pour que l'on doive chercher les moyens d'y remédier. On ne peut pas le contester : les pommes de terre d'aujourd'hui sont dégénérées ; elles ont perdu leurs qualités naturelles, et la majeure partie ne peut plus se reproduire. Bientôt elles seront frappées de stérilité ou sans valeur.

MOYEN DE REMÉDIER AU MAL.

Puisque cette plante a pu produire des fruits convenables pendant environ 50 ans sans trop perdre de sa qualité et de sa fécondité, le seul moyen pour remédier à ce grave inconvénient, c'est de renouveler les plants, de les faire venir des lieux où ils ont été pris primitivement.

Ces plants, venant ainsi de leur place naturelle, donneront des produits de bonne qualité et très-sains pendant un grand nombre d'années, comme par le passé ; et en n'employant les premiers fruits qu'à faire des plantations, on pourrait dans deux ou trois années, avec un changement de quelques navires de plants du Pérou, renouveler entièrement cette plante en France. Cette entreprise procurerait un avantage immense aux consommateurs et aux agriculteurs.

Il est très-facile de se procurer des plants exotiques : les propriétaires n'ont qu'à former un capital par association, et traiter avec un armateur qui leur apportera des plants du Pérou dans un port de France.

Nous devons faire une observation tendant à rendre l'importation de cette plante plus efficace : il ne s'agit pas seulement d'importer ces produits et de les placer au hasard dans le sol français, sans prendre pour base la science agricole. Il existe plusieurs variétés de pommes de terre ; chacune de ces variétés a une nature de sol qui lui est propre ; en Amérique comme ailleurs, la terre a des variations, et chaque nature de sol donne son produit et sa variété. Il existe, sans nul doute, dans la même contrée et sous la même influence de climat, des terres sableuses, calcaires, argileuses, etc. Dans cette circonstance, il serait donc utile que l'homme de l'art agricole examinât, analysât les terrains qui produisent chaque variété, afin de dire à la France : telle variété convient à tel sol, telle autre variété à tel autre sol, ou il faut tel amendement ou tel produit chimique pour rendre le sol propre à la plante ou à l'espèce. Avec l'application de cette étude, la plante n'aurait à lutter que contre l'influence du climat et de la température ; elle ne serait plus placée au hasard, les fruits conserveraient plus longtemps leur force et leur qualité d'origine.

C'est aux esprits de progrès, d'intérêts généraux et particuliers que nous nous adressons. Notre voix aura-t-elle de l'écho? nous l'ignorons. Dans tous les cas, nous aurons rempli les devoirs qui nous sont imposés par l'intérêt que nous portons à la société; nous aurons rempli les devoirs que chaque homme doit chercher à remplir.

Si quelques esprits jaloux et bornés forment des doutes, nous avons l'entière certitude que les hommes éclairés et animés de bons sentiments nous tiendront compte de la bonne volonté et des avis que nous donnons sur une chose si grave et si sérieuse.

CAUSES DE LA MALADIE DE LA VIGNE.

Quelques personnes nous ont prié de donner une explication sur les causes de la maladie de cette plante; nous sommes heureux de pouvoir satisfaire leur curiosité avec toute sécurité. Nous ne nous écarterons pas, nous suivrons toujours les lois de la nature. Nous n'entrerons pas ici dans de longs détails sur ce sujet; nous donnons amplement l'étude de cet arbrisseau dans le travail que nous livrons, comme cours de lecture, aux écoles des campagnes.

L'étude de la vigne n'est pas sans intérêt; les circonstances qui nous ont apporté certains cépages en France, et sa culture, sont, d'après plusieurs philosophes grecs et romains, très-intéressantes. La maladie de cette plante, qui nous a attristés dans ces derniers temps, n'est pas nouvelle. Un philosophe romain, dont le nom nous échappe, nous en parle dans un ouvrage des temps bien anciens.

Lorsque la maladie de la vigne, qu'on appelle *oïdium*, s'est déclarée, beaucoup d'hommes, là encore, se sont empressés de chercher les causes du mal et le moyen d'y remédier. Les uns disaient : ce sont des insectes qui l'occasionnent; d'autres ignoraient les causes et cherchaient le remède. On a cru à l'efficacité du soufre; d'autres employaient le vitriol dissous dans de l'eau, qu'ils versaient au pied du cep malade, sans se rendre compte de l'action de ces deux agents. Malheureusement ni l'un ni l'autre ne pouvaient empêcher le mal; leur action chimique ne peut avoir aucune influence sur les causes physiques de cette maladie végétale.

La volonté et l'esprit existent chez le Français, mais très-souvent le jugement et surtout le travail font défaut. Aucun n'est allé à la source du mal, aucun alors n'a pu se rendre compte de cette détérioration.

Pour se fixer sur les causes de cette maladie, il fallait chercher l'origine des cépages que nous cultivons, connaître le climat et le sol où ils ont été placés naturellement, comparer ce climat et ce sol avec ceux où la maladie a fait ses ravages, et examiner ensuite les causes accidentelles qui peuvent contribuer à la détérioration de cette plante en France.

Trois causes ont contribué à la maladie de la vigne; la première est le déplacement des cépages. Cet arbrisseau n'est pas toujours mis dans le terrain qui lui est propre, dans le terrain, dis-je, analogue à celui où la nature l'a placé. On a dû remarquer que les espèces qui ont le plus souffert de ce fléau sont les espèces précoces qui fournissent nos raisins de table, que nous cultivons en treillages ou en espaliers dans nos jardins, et que nous plaçons dans n'importe quel terrain. Comme ces espèces sont en majeure partie originaires des contrées méridionales de l'Europe, elles avaient à subir le changement de sol et l'influence du climat. Les espèces originaires de France ont moins souffert : le mal ne s'est fait que très-peu sentir. Cependant ces dernières ont éprouvé l'effet du déplacement, qu'on leur fait souvent subir, du sol qui leur est propre, pour les porter dans un terrain impropre. Ce changement a contribué au mal pour une large part.

La vigne n'aime que les terrains maigres, calcaires, sableux; quelques espèces se trouvent bien lorsqu'elles rencontrent de l'argile dans le sous-sol.

Nous devons dire que chaque espèce de raisin a une composition de sol qui lui convient de préférence; malheureusement on ne cherche pas toujours à connaître si le sol convient à telle ou telle espèce. C'est ce défaut d'application qui fait que la vigne et son fruit subissent très-souvent un affaiblissement. En somme, la vigne ne veut pas de terre profonde, contenant beaucoup de principes fertilisants, parce que, placée dans ce cas, elle absorbe par le chevelu de ses racines trop de principes azotés, ce qui affaiblit les qualités de la sève, qui ne peut alors donner les éléments de la vinosité et empêche la maturité.

Les grains de raisin restent, dans ce cas, acides, ne prennent pas leur *ramolliant* et gercent.

En dehors des causes produites par le défaut d'application au climat et au sol, il en est une troisième qui a fait déclarer le mal, en se joignant aux deux autres. La voici : il faut au sol français un certain degré de chaleur pour que diverses plantes, notamment la vigne, puissent y prospérer. Cela est facile à comprendre, puisqu'elle ne peut produire dans le nord de la France; elle trouve là une barrière infranchissable pour elle.

Cette troisième cause s'est jointe aux premières par une série d'étés pluvieux qui ont commencé en 1846 ou 1847, et qui ont refroidi le sol en variant l'atmosphère. Voilà les causes du mal. Ce mal ne pouvait être guéri que par une série d'étés chauds et secs, qui devaient remettre l'atmosphère dans ses règles ordinaires et rétablir l'état sanitaire de cette plante. C'est ce qui a eu lieu.

Personne ne l'ignore : dans tout le temps de sa végétation, la vigne aime le chaud, et c'est au moment de la fleuraison que l'humidité du sol et la température lui sont si funestes. On ne doit pas s'étonner alors qu'une série d'étés humides ait fait déclarer l'*oïdium*.

Laissons ici les causes de la maladie de cette plante, puisqu'elle a disparu, et disons un mot du choix des cépages qu'il y a à faire dans sa culture.

CULTURE DE LA VIGNE.

Dans la culture de la vigne, il est donc toujours très-important de donner au sol les espèces qui lui conviennent; la théorie le démontre, et la pratique exige cette application. Mais pour se rendre un compte exact, il faut connaître l'origine des espèces, savoir sur quel terrain chaque espèce a été placée par l'effet de la nature. Lorsqu'une espèce est donnée à son sol, elle offre un double avantage : elle craint moins la gelée, moins la coulure de la fleur, et le vin offre plus de qualité.

Il faut chercher à connaître la composition du sol où ces espèces poussent naturellement à l'état de sauvageons. Ces plants sauvages de la vigne donnent, comme tous sauvageons, des fruits plus petits que les fruits cultivés, et ont un goût plus ou moins aigre.

Dans les recherches que nous avons faites dans le département de la Vienne, nous avons trouvé à l'état sauvage presque toutes les espèces que nous y cultivons en grand : cela nous prouve que nos premiers devanciers n'étaient pas allés chercher bien loin nos espèces de raisins.

On peut aussi trouver du *franc*, qui se produit par des pépins tombés au hasard, qui poussent sans culture dans des terrains qui leur sont propres, notamment dans les buissons.

On peut parfaitement connaître si telle espèce

cultivée provient de tel sauvageon : les formes du raisin, ses grains, sa couleur, ainsi que la couleur et le dessin des feuilles, se sont conservés.

La culture ne les a pas changés ; il n'y a de changé que le volume du bois, des feuilles, des fruits et leur goût.

Le sauvageon donne son bois et ses fruits plus petits, avec son goût aigre : c'est là toute la différence.

En examinant ainsi le terrain où pousse le sauvageon, on peut mettre l'espèce sur le sol qui lui convient, ou donner au sol l'espèce qui lui est propre. Malheureusement on ne fait pas attention à cette application : c'est ce qui nous donne très-souvent des infériorités de récoltes et le principe de mauvais vins. Le sol et l'espèce contribuent l'un et l'autre à la qualité et à la quantité. Nous regrettons infiniment d'être obligé de le dire : très-souvent on plante une vigne sans se demander quelle est l'espèce qui convient au terrain. Par exemple, si l'on examine les plants de vigne blanche dans l'arrondissement de Poitiers, surtout dans les cantons de Neuville et Saint-Georges, on n'y trouve que la folle blanche. Là elle est plantée dans des terres calcaires communément profondes, pendant que cette espèce est originaire d'un sol sableux, reposant sur un sous-sol argileux. Il en résulte que cette espèce de plant, qui donne un vin convenable dans les terres sablo-argileuses, donne un vin très-inférieur, qui se conserve très-difficilement dans ces terres calcaires et profondes.

Le blanc-mancep, ou plant de Saumur, y donnerait parfaitement un vin supérieur, parce qu'il est originaire d'un terrain tuffeux mélangé de calcaire, et profond. Ce plan offre un double avantage : il donne abondamment ; son bois, plus dur que celui de la folle, craint moins les gelées d'hiver, et, étant plus tardif, il redoute moins les gelées de printemps.

Un homme très-intelligent, M. Charles Arnault de la Ménardière, que la mort a enlevé malheureusement trop tôt, avait planté sur sa propriété de Sarsec diverses espèces de plants; il y avait mis le blanc-mancep. On peut s'assurer de la supériorité de ses produits en qualité et rapport.

Nous avons une autre espèce de blanc qui est aussi bien préférable à la folle : on le nomme petit barbe-jaune ; il convient aussi aux terres fortes et calcaires. On le cultive dans les communes de Vernon, Nieuil-l'Espoir, Gizay, etc. Cette espèce donne abondamment et fournit un bon vin. Il ne pourrit pas comme la folle. Il est originaire du canton de la Villedieu ; nous y avons trouvé son sauvage.

Comme plant de vigne rouge, nous avons une espèce qui offre beaucoup d'avantages sur le saintongeois et sur plusieurs autres espèces ; les sols calcaires, les terres mélangées, les sols sableux, lui conviennent. On le nomme le petit-breton, parce qu'il a été apporté dans l'arrondissement de Chinon par un abbé du nom de Breton. Il est originaire d'un des départements du Midi ; il donne abondamment, et son vin est de très-bonne qualité. Il est cultivé dans tout l'arrondissement de Chinon. Il y a aussi le saint-émilion, qui donne un vin de très-bonne qualité dans les terres calcaires, soit profondes, soit légères. Cette espèce de vigne rouge donne aussi abondamment. Nous nous arrêtons ici, après ces quelques explications. Le cadre que nous nous sommes tracé dans ce petit extrait ne nous permet pas de nous étendre sur la culture de la vigne, qui a été pour nous l'objet d'une étude spéciale; nous nous bornons seulement à nommer quelques-unes des espèces les plus avantageuses à cultiver dans les terrains où les autres ne donnent que des produits inférieurs.

MALADIE ET MORTALITÉ DES VOLAILLES.

Depuis quelques années, une fréquente mortalité emporte nos volailles, occasionne de très-grands préjudices aux producteurs et aux consommateurs.

On voit communément périr toutes les volailles d'une ferme dans quelques jours. Nous nous sommes occupé de rechercher très-sérieusement les causes de cette mortalité : nous les avons trouvées avec toutes les preuves les plus certaines.

Ces causes sont dues uniquement à l'abaissement des eaux, à la rareté, à l'insalubrité de cet élément.

Depuis que le progrès agricole a assaini notre sol, les eaux vives sont devenues rares; elles ne se trouvent plus que dans les couches inférieures. Dans des fermes où se trouvait communément une sortie de filtrations d'un côté ou de l'autre d'un monticule terreux, ou dans celles où la fraîcheur du sol conservait saines les eaux pluviales, les volailles s'y abreuvaient. Mais maintenant que nos terres sont assainies, que les étés sont devenus plus secs, ces filtrations ne s'opèrent plus, — une altération se fait sentir.

Le sol, réchauffé par les rayons solaires qu'il absorbe, forme la dessiccation et ensuite la décomposition de matières végétales et animales qui produisent, par l'évaporation, à la suite d'une pluie, un principe azoté et putride dont l'eau s'empare.

Dans cette circonstance, le peu d'eau que l'on rencontre dans la cour d'une ferme ou aux alentours, soit qu'elle provienne de pluies, égouts de fumiers ou autres, est à l'instant décomposée, surtout au moment des chaleurs, parce que ce petit volume d'eau est absorbé et par les principes délétères et par l'azote; joignons à cela l'action solaire, qui seule peut suffire à la décomposition. L'eau devient dangereuse, surtout si elle pénètre ou filtre à travers un tas de fumier d'étable en fermentation. Elle absorbe de l'azote, des miasmes, des sels, enfin plusieurs principes vénéneux. Elle est très-dangereuse encore si elle est contenue en petit volume dans un vase et exposée au soleil. J'ai très-souvent vu les ménagères de basse-cour mettre quelques litres d'eau dans une auge ou dans une chaudière pour faire boire leurs volailles; malheureusement elles ne se demandent pas s'il faut la renouveler plusieurs fois par jour ou tous les jours; elles la laissent pour breuvage jusqu'à ce qu'elle soit épuisée. Cette eau, étant ainsi troublée par ces animaux qui y déposent des ordures, se corrompt sous l'action du soleil, passe à l'état putride, contient un gaz délétère, et est azotée. La poule craint le chaud, et boit beaucoup en été; elle est paresseuse; elle ne choisit pas le liquide, elle absorbe ce qu'elle trouve. Cette eau corrompue, très-souvent vénéneuse, l'altère; plus elle boit, plus elle veut boire; plus alors elle augmente le danger, plus elle hâte sa mort.

Les miasmes, surtout les corps azotés, sont bien des éléments de nutrition pour les plantes; mais, si ces éléments nourrissent les végétaux, ils donnent la mort aux animaux. Ainsi ces liquides corrompus décomposent le sang d'abord, et ensuite les poumons de nos volailles.

La chair de ces petits animaux, ainsi attaquée, est très-malsaine, même dangereuse : nous avons vu plusieurs fois des personnes atteintes de maladie après en avoir mangé.

Les faits que nous expliquons n'offrent aucun doute; ils sont la conséquence des lois de l'organisation animale soumise aux influences de la nourriture.

Nous avons eu bien des exemples sous les yeux. Nous allons en citer un qui nous a fait rire, nonobstant le malheur arrivé.

Cet été dernier, nous nous trouvions chez un voisin au moment où une pluie d'orage tombait à torrents. Une partie basse de la cour fut à l'instant remplie d'eau. Cette eau, qui filtrait à travers les fumiers, était d'une couleur rougeâtre. Nous lui dîmes : Voisin, ne laissez donc pas séjourner cette eau dans votre cour; c'est dangereux par les grandes chaleurs : elle ferait périr vos volailles, et elle pourrait même déterminer une épizootie sur vos bestiaux. Il ne tint pas compte de notre avertissement.

Les chaleurs ne manquèrent pas de compléter la corruption de cette eau, qui était déjà altérée par le contact des fumiers. Toutes ses volailles avaient péri huit jours après ; le coq seul avait survécu. Mais, il faut le dire, si l'infidélité est généralement préjudiciable, l'infidélité de ce coq lui a sauvé la vie : en effet, dès qu'il avait chanté le dernier coup du réveil, il quittait ses poules pour aller avec celles d'un voisin, dont la demeure était à 150 mètres de l'endroit. Il passait là toute la journée, ne revenait que le soir pour sonner l'heure du coucher aux siennes. Comme dans la cour du voisin il n'avait pas d'eau corrompue à boire, il n'a éprouvé aucune indisposition, et les poules qu'il accompagnait en ont été également exemptes.

MOYENS D'ÉVITER LA MALADIE.

Les moyens à employer pour éviter la maladie ou plutôt la mortalité des volailles sont bien simples : il s'agit seulement de ne laisser aucune eau se corrompre dans la cour, de mettre hors de la portée des volailles le jus du fumier d'étable ; le moindre trou rempli d'eau corrompue peut faire périr un grand nombre de ces petits animaux.

Il faut mettre tous les jours de l'eau fraîche ou vive à leur portée ; ne pas la laisser se corrompre, la renouveler tous les jours, même deux fois par jour pendant les grandes chaleurs, surtout si les vases sont exposés au soleil, et avoir soin de nettoyer ces mêmes vases en renouvelant l'eau. Il faut aussi avoir le soin d'entretenir proprement le toit qui sert de volière, le blanchir plusieurs fois par an, et lui faire des ouvertures pour qu'il soit suffisamment aéré.

Ces petits soins hygiéniques, qui ne demandent qu'un peu d'exactitude de la part de la ménagère, préserveront le propriétaire comme le fermier de pertes considérables.

ORIGINE DE L'ANGUILLE D'EAU DOUCE.

Aucun n'est encore arrivé à découvrir l'origine de l'anguille, ce magnifique poisson. L'histoire de nos célèbres naturalistes laisse à désirer sur ce point. C'est une lacune à remplir ; nous la remplirons ainsi que plusieurs autres.

La découverte, que nous en avons faite, est autant due au hasard qu'à l'étude.

Pour satisfaire la curiosité des hommes qui aiment à se rendre compte des phénomènes de la nature, je vais expliquer tout simplement la manière par laquelle je suis arrivé à découvrir la naissance de ce charmant poisson.

Il y a environ 28 ans (j'étais jeune alors), on nettoyait un petit cours d'eau qui passe au bout de la cour de mon père, à Doussay. Comme tous les enfants, j'étais curieux de voir travailler les ouvriers, et j'étais content surtout de les voir prendre de belles anguilles.

Étant là en examinateur, me promenant le long du ruisseau tari par un étanchement, j'aperçois trois petites anguilles qui cherchaient à pénétrer à travers le barrage pour monter à l'eau. Deux d'entre elles étaient grosses comme un porteplume, l'autre comme le doigt.

Comme j'avais lu quelque part que l'anguille prenait sa naissance en mer, je fus étonné, surpris et ne pouvais croire que ces petites anguilles provenaient de la mer; le parcours qu'elles auraient eu à faire, en suivant les sinuosités des rivières, aurait été de 350 kilomètres environ.

On ne peut pas en douter, elles auraient eu le temps de grossir pendant ce trajet; elles ne pouvaient pas non plus provenir de la source, puisque cette dernière, d'après études, est le résultat de filtrations. A quoi devais-je attribuer l'existence de mes petites rampantes, puisque l'on n'avait jamais vu d'anguilles aux œufs ni aux petits, et qu'elles ne pouvaient provenir de la mer? Je suis resté dans l'embarras, sans pouvoir me rendre compte de ce fait, et je n'ai pu continuer mes recherches.

Ce n'est qu'en 1870 que le hasard me donna l'occasion de trouver des preuves certaines. J'étais alors aux Roches-Prémaries pour y faire la vente d'une propriété, par un beau jour de printemps, vers le 15 avril. Pour me distraire, en attendant mes clients, je pris un livre et allai me promener le long du ruisseau. Tout en lisant, je jetais quelques regards sur le courant; j'y vis, par un beau soleil, un très-grand nombre de vérons. Continuant doucement ma promenade, j'aperçus un peu plus loin une de mes petites bêtes du jeune âge.

Cela me rappela à la mémoire l'incertain d'autrefois sur leur origine.

Le soir même, j'allai trouver un nommé Comby, pêcheur de profession. Je lui demandai quelles espèces de poissons peuplaient le ruisseau. Il me répondit : Il n'y a que des vérons et de l'anguille. Je lui proposai une partie de pêche pour le lendemain : il accepta sans peine. Nous prîmes environ 2 kilos de vérons. Il ne s'agissait pas que de les prendre , il fallait aussi les manger.

Rendus à l'auberge, nous nous empressâmes de nettoyer nos poissons, de les vider. En faisant la pression d'usage, je remarquai dans quelques-uns un ver blanc, quelquefois rouge, roulé sur lui-même; sorti du corps du véron, il s'allongeait et se mouvait. Ces vers étaient de la grosseur d'un fil ordinaire double, et mesuraient de 4 à 5 centimètres de longueur. La tête dessinait celle d'une anguille. Je dis à mon camarade de pêche : Voyez donc ces vers, ils ressemblent à l'anguille. — A quoi il me répondit : « J'en ai bien vu d'autres comme cela; je crois, moi aussi, que ce sont des anguilles. » Il me fit remarquer les vérons qui avaient des vers : ils étaient bien de la même espèce que les autres, mais ils étaient plus pâles, moins vifs, plus maigres; ils n'avaient que la peau, à travers de laquelle on remarquait le ver. Cela se comprend : ce dernier absorbait la nourriture du véron. Avec mon idée première, il fallait bien savoir ce que pouvait produire ce ver.

Le lendemain, j'allai seul à la pêche, avec la ferme volonté de me procurer vivants des vérons aux vers. Je me munis d'un seau dans lequel je mis de l'eau pour mes privilégiés. Je pris environ quatre cent cinquante vérons, parmi lesquels il s'en trouvait quinze aux vers. Je les distinguai facilement en les ramassant sur le gazon. Je portai ces quinze poissons dans un petit bassin d'eau de filtrations, ou mieux dans un trou d'où l'on avait extrait de la terre à tuiles, à 1,000 mètres du ruisseau. Il n'y avait pas à en douter, jamais il n'y avait eu de poissons dans ce trou, aucun courant n'avait pu y en apporter. Deux mois après, au moment où mon petit réservoir devait tarir, j'allai moi-même en opérer la vidange. Je ne trouvai plus mes vérons : ils étaient transformés en quinze petites anguilles. Tous les doutes furent levés; je fus heureux de connaître ce secret de la nature, ignoré jusqu'alors. Pourquoi s'opère cette métamorphose chez certains vérons? pourquoi ne s'opère-t-elle pas chez les autres?

A quoi attribuer ce phénomène? L'anguille, par elle-même, ne jouit-elle pas de ses facultés reproductives? c'est ce que j'ignore. Le véron n'absorbe-t-il pas comme nourriture des principes régénérants qui proviennent de l'anguille et qui donnent naissance à ces vers? voilà encore de l'inconnu. Les lois de la nature ont des limites au delà desquelles l'intelligence de l'homme ne peut aller; mais ce qu'il y a de connu, c'est que le véron donne naissance à l'anguille, et il est constant qu'en mettant des vérons et des anguilles dans le même réservoir, on obtiendra de petites anguilles. Peut-on obtenir l'anguille avec le véron seul? c'est ce que j'ignore, parce que, dans tous les courants où l'on trouve le véron, on trouve l'anguille, bien qu'il n'y ait aucune autre espèce de poisson. Elle se trouve dans les plus petits cours d'eau, quand il s'y rencontre des concavités ou des profondeurs pour la cacher. On la trouve en mer; elle y prend naissance comme dans l'eau donce. Elle est toujours en compagnie des vérons; ces derniers sont communs en mer. L'anguille est abondante à l'embouchure des fleuves, parce que l'anguille née en mer tient à monter à l'eau douce, et celles nées dans les rivières descendent lorsque l'eau est troublée par les crues, pour remonter ensuite. Mon assertion est exacte. J'engage les personnes qui aiment l'élevage du poisson à faire cette étude : elles se convaincront par elles-mêmes de ce que j'ai avancé. Cela peut produire une distraction doublement agréable aux hommes qui aiment l'étude de la nature.

INONDATIONS DE LA LOIRE.

En jetant un regard sur l'ensemble des choses utiles à faire, nous avons envisagé les désastres que la Loire produit périodiquement sur cinq départements. En pensant que le fléau destructeur augmentera progressivement ses ravages, on est très-étonné de voir que les esprits du pouvoir ne s'en soient pas plus occupés jusqu'alors. Si les quelques lignes que nous publions sur ce sujet pouvaient éveiller les idées et donner la volonté aux hommes qui peuvent agir de chercher les moyens de nous prémunir contre ces grands malheurs, nous serions heureux.

On est obligé de le dire : sous les gouvernements déchus on a fait beaucoup de cette maudite politique; on a beaucoup cherché et inventé pour la destruction de l'espèce humaine, et on n'a pas assez fait pour la protéger. Il est cependant à remarquer que plus nous irons, plus ce fleuve offrira de danger et occasionnera de malheurs par l'augmentation de ses eaux.

Examinons un peu son littoral et les influences qui doivent faire augmenter le mal. Descendant de l'est à l'ouest, il se trouve dans son parcours à l'état de recevoir les eaux du centre; et les nuages qui se forment le plus souvent à l'ouest, en franchissant l'espace, se dirigent sur l'est. Avant que l'agriculture ait commencé à recevoir les bienfaits du progrès, il existait une quantité de marais, d'étangs, de plaines immenses en nature de landes que l'eau inondait toute l'année. Tous ces endroits aqueux formaient, par les lois de l'affinité, une puissance attractive pour les nuages, et l'eau tombait sur ces endroits, et y séjournait par le défaut d'écoulement. Maintenant que toutes ces contrées marécageuses sont assainies, les nuages ne trouvent plus cette attraction. Généralement, lorsque les pluies de l'équinoxe sont passées, que les sécheresses du printemps ont désséché le sol, les nuages traversent l'espace le plus souvent du couchant au levant (de l'ouest à l'est) et vont tomber sur les montagnes, où la colonne d'air est moins épaisse, et où ils trouvent une puissance attractive par la fonte des neiges, que leur eau active.

Cette cause, qui n'est due qu'au progrès agricole, peut aider et activer les crues; mais il faut y adjoindre une autre cause, qui, elle aussi, est due au progrès.

Si les pluies tombent sur une grande étendue, au moyen des fossés d'assainissement et d'écoulement, des fossés des routes, enfin par les curages des courants et des rivières, qui sont l'œuvre de la marche du progrès, les eaux se trouvent réunies en peu de temps au bassin de la Loire. Ces faits sont assez clairs, personne ne peut les ignorer. Il n'y a pas non plus à en douter : plus nous irons, plus le progrès avancera, et plus les crues seront fréquentes et dangereuses.

Les ingénieurs qui ont limité le lit de ce fleuve ne pouvaient prévoir ces causes.

Il est donc indispensable de chercher les moyens d'y remédier. Pourquoi ne ferait-on pas un second bassin à la Loire pour recevoir le trop-plein du premier ? cela rendrait des services immenses aux contrées qu'elle baigne, à ces contrées si riches en sol et en industries agricoles, et bien des calamités seraient conjurées.

Que les conseils généraux et les députés de ces départements s'entendent ; qu'ils fassent voter par l'Assemblée l'utilité de ces travaux ; qu'ils prennent une combinaison pour se procurer les fonds nécessaires ; qu'ils ne perdent pas de temps. La France fait bien ordinairement la charité aux pauvres inondés de ces pays, lorsque les malheurs sont arrivés.

Pourquoi ne viendrait-elle pas en aide pour les éviter ? On ne pense pas à tout quand on est pressé. Pour couvrir les dépenses immenses dans lesquelles nous ont entraînés les absurdités de l'Empire, on a oublié d'asseoir un impôt sur la rente comme sur les valeurs hypothécaires. Pourquoi ne pas les frapper aujourd'hui pour venir en aide à ces départements ? Un impôt ainsi assis, pour une chose si grande et si utile, ne pourrait être mal accueilli.

D'un autre côté, les ouvriers de tous arts, le génie, le commerce, les entrepreneurs, trouveraient ici de l'occupation. Le travail fait besoin aujourd'hui à l'ouvrier.

LE TRAVAIL, L'AGRICULTURE ET LE COMMERCE.

Sully disait à Louis XIV : « Sire, l'agriculture et le commerce sont les deux mamelles de l'État. » Pourquoi n'a-t-il pas ajouté : le travail ? sans lui il n'y a ni agriculture, ni commerce, ni industrie de n'importe quel art.

Nous dirons, nous, que le travail, l'agriculture et le commerce sont, et surtout, les trois mamelles de la République, ou la République sera la mère protectrice du travail, des arts, des sciences, de l'agriculture et du commerce.

L'ouvrier de la campagne laboure, cultive la terre, pour livrer ses produits alimentaires à la ville. L'ouvrier de la ville fabrique des instruments de tous genres, des tissus, des vêtements, enfin bien des choses indispensables aux hommes, et nécessaires aux travaux de la campagne. Le commerçant est la ligne intermédiaire entre le producteur et le consommateur ; lui aussi est utile, parce que le laboureur ne peut être en même temps occupé à labourer son champ ou à en diriger les travaux, et à débiter ou faire débiter ses produits à la ville, ou sur un point quelquefois très-éloigné, comme, de son côté, l'ouvrier ou le fabricant de la ville ne peut aller dans une région lointaine, parcourir les campagnes pour vendre ses instruments aratoires, ses tissus, enfin les divers produits de la ville, si multipliés, et surveiller ses ateliers ou ses magasins. Ce sont donc deux points extrêmes, qui ont besoin d'un intermédiaire pour former entre eux un point de jonction, qui est le commerce ou l'échange de chaque produit utile. Ces trois genres principaux de l'occupation de l'homme ont les mêmes intérêts à soutenir, sont dans les mêmes besoins, et doivent être conduits par la même bannière.

Par exemple, si l'agriculture est prospère, si le cultivateur est dans l'aisance, il achètera les produits de la ville, il fera travailler les ouvriers de tous genres ; dans cette circonstance, l'habitant de la ville, recevant ou vendant le fruit de son travail, achètera à l'homme de la campagne ce qui lui est utile ou ce qu'il désire : c'est un mutuel échange de choses de nécessité ou d'agrément. Mais, avant tout, c'est le sol qui doit produire, et c'est le travail qui doit mettre en mouvement les engrenages de cette machine commerciale, comme c'est le propriétaire ou le capitaliste qui doit en fournir la force motrice. Propriétaires et capitalistes sont donc, eux aussi, intéressés, très-intéressés même, à ce grand mouvement des affaires qui compose l'avenir et la prospérité de la vie sociale. Lorsque l'équilibre de la machine est bien établi, que les mouvements sont bien réguliers, les revenus sont plus grands et les capitaux sont mieux assurés. Mais, par des marches ambiguës, faites en dehors de la volonté des peuples, les gouvernements y ajoutent toujours la pierre d'achoppement qui fait crouler l'édifice au moment où il fallait mettre la société à couvert.

C'est ainsi que le passé a été. Pourquoi les gouvernements tyranniques ont-ils toujours cherché à entraver la marche du progrès? pourquoi ces gouvernements cherchaient-ils à s'emparer soit d'un passage sur mer, soit d'un petit coin de terre? pourquoi faire la guerre pour une simple parole? pourquoi faire verser ce sang si cher, en absorbant des fonds qu'il aurait été si utile de placer ailleurs? Pourquoi ces gouvernements ont-ils toujours rêvé la guerre? pourquoi, lorsque les rois et les empereurs veulent gouverner les peuples, cherchent-ils à les faire s'entr'égorger? Ah! le pourquoi, il est facile à comprendre!... C'était pour arrêter la prospérité de la société travailleuse, c'était pour l'appauvrir, parce qu'ils se disaient : plus nos peuples seront pauvres, plus ils resteront dans l'ignorance : plus alors ils seront soumis, et plus facilement nous gouvernerons, et avec plus de sécurité nous nous plongerons dans nos orgies. Chez nous, on a toujours rencontré beaucoup d'hommes payés pour nous cacher la vue de ces inexplicables manœuvres des rois, et une société d'hommes bien connus ont aidé à nous tenir le masque sur les yeux, par leurs subtilités.

Nos pères de 1789 ont voulu nous enlever le joug des tyrans; mais malheureusement, à cette époque, ils n'étaient pas assez éclairés; ils ont mal choisi en prenant un Bonaparte, un guerrier, un ambitieux, pour présider cette sublime République.

L'erreur de ce choix, la fausse croyance du peuple nous a fait tomber de tyrannie en tyrannie, de guerres en guerres, de révolution en révolution, et alors de désastres en désastres.

Après les grands malheurs essuyés, après les pertes immenses que nous avons faites, nous restons cependant maîtres de notre destinée. Nous avons un monument à construire qui doit mettre et qui mettra à couvert la prospérité de la société. A ce grand monument tout homme de cœur, tout homme pensant le bien, tout travailleur honnête doit apporter sa pierre. Ce monument est une constitution républicaine, un gouvernement réellement républicain. En nous exprimant ainsi, nous mettons toute partialité de côté; nous ne raisonnons sur cette question politique qu'au point de vue de l'histoire et des connaissances que nous avons acquises dans la société; nous raisonnons surtout au point de vue de la philosophie et de la prospérité de la France.

Aux temps où nous sommes, avec la pénétration des esprits français, aucun gouvernement ne peut être tenable que le gouvernement républicain, et aucun autre ne peut assurer la paix que celui-ci, parce qu'il donne aux sujets français la liberté de renouveler tous les deux ou trois ans l'assemblée qui compose le gouvernement. Par ce moyen, on évite tous murmures, tous mécontentements. Dans ce cas, notre commerce, notre industrie et notre agriculture conservent leur crédit, évitent les baisses, les crises financières, les échecs de commerce, qui nous amènent les misères de toute nature.

C'est aux prochaines élections que va être créé ce gouvernement tant désiré par la population française ; c'est dans l'urne que s'accomplira ce grand événement qui doit donner à la France un si bel avenir.

Que tout homme s'y prépare, qu'il se renseigne bien sur les hommes à choisir. Nous l'avons démontré : le travailleur de la campagne, celui de la ville, le commerçant comme le capitaliste, sont liés par les mêmes intérêts, et ils doivent suivre la même voie. Alors, qu'ils s'unissent, qu'ils se concertent entre eux pour choisir des hommes éclairés et surtout dévoués au bien de la société. Mais, dans cette union, il ne faut pas que le capitaliste soit le guide ; il ne doit pas être le directeur de nos intérêts. Le passé doit nous éclairer; il ne faut pas retomber dans les mêmes fautes. Le désir d'agir dans ses intérêts personnels, particuliers, ferait perdre les intérêts généraux et notre avenir.

Pour le choix à faire, les villes sont éclairées ; elles ont leurs réunions, elles lisent les journaux de toutes nuances ; elles peuvent connaître et juger les hommes ; mais le travailleur de la campagne, toujours occupé de sa charrue, ne trouve pas de ces réunions, ne voit pas ce qui se passe ; avec la meilleure intelligence, il ignore souvent de quel côté il doit se porter. C'est à lui à se renseigner, s'il ne l'est pas, auprès des hommes de l'art, des honnêtes ouvriers qui sont plus éclairés que lui. C'est précisément cet homme de la campagne qui trouvera sur son chemin des hommes disposés à lui faire prendre une mauvaise voie; il trouvera aussi des journaux gratuits, mis sous sa main pour l'aveugler. Qu'il se méfie de tous ces piéges.

Parmi ces hommes qui s'occupent d'affaires inutiles, on en rencontrera quelques-uns de l'Empire qui voudront s'accrocher à un rameau de l'arbre de la République, pour faire tomber cet arbre. Il y en aura d'autres qui auront salué franchement le nouveau drapeau de la République, avec tous les avantages qu'elle peut nous procurer ; il faut connaître ces hommes, il faut les distinguer par leurs actions passées. Il y aura quelques bons vieillards de la campagne chez lesquels les fautes sont involontaires, qui viendront nous dire : « Ah ! les affaires ont bien marché sous l'Empire. » Pauvres hommes ! Nous sommes cependant obligé de leur démontrer la vérité, et de leur dire que ce n'est pas l'Empire qui a fait marcher nos affaires : c'est l'élan du progrès, c'est sa puissante impulsion, c'est le travail de nous tous, c'est notre génie et notre industrie qui se sont étendus dans les arts, dans le commerce, dans l'agriculture. Mille inventions diverses et le morcellement de la propriété sont venus en aide à cette dernière, qui a bénéficié encore du désir que chacun a de se créer un petit avoir par son travail. Si le cultivateur s'est enrichi, ce n'est pas à l'Empire qu'il en est redevable; ce n'est pas l'empereur ni ses hommes d'État qui ont défriché ces plaines immenses qui étaient en landes stériles; ce ne sont pas eux qui ont desséché ces marais, qui ont planté ces grandes pièces de vignes dans nos terres incultes.

Ce ne sont pas eux non plus qui ont fabriqué nos machines, nos instruments de tous genres pour venir en aide à l'agriculture; si la France s'est enrichie, si les revenus et les productions ont triplé, si les fonds commerciaux sont devenus si communs depuis trente ans, ces bienfaits sont l'œuvre du travailleur qui a fait produire le sol. Le commerce, dans son ensemble, a eu pour aide ensuite nos chemins de fer, nos routes, notre navigation, qui nous offrent un débouché pour nos produits, qui nous procurent la facilité des transports d'un point du globe à l'autre. Ces routes, ces chemins de fer, c'est encore nous qui les avons faits. Il faut le dire bien haut: l'empereur ici a fait peu de chose; ce qui a été fait n'est point dû à son initiative; ces grands travaux étaient décrétés et commencés avant qu'il fût au pouvoir.

L'empereur, le pauvre empereur, est mort; mais avant de mourir il nous a fait de belles choses! Il a commencé par nous créer une guerre en Russie, en Italie, en Chine, en Cochinchine, au Mexique, enfin dans des endroits où nous n'avions pas besoin d'aller : aucun motif d'intérêt ne nous y appelait.

La France se bat pour la gloire, disait-il. Quelle

belle gloire ! ! ! C'est ainsi qu'il dissipait dans ces régions lointaines nos capitaux, qu'il privait notre commerce et notre agriculture de leurs meilleurs bras en faisant répandre inutilement ce sang si pur, si regrettable et si utile, et ce, pendant que le travailleur épuisait ses forces dans l'intérêt de la prospérité du pays.

Mais il n'a pas voulu arrêter là ses ignobles exploits. Cinq ans avant la guerre dernière, l'Empereur et ses hommes d'État savaient que la Prusse s'armait contre nous pour se venger de l'annexion dont nous avait gratifiés le traité signé entre l'Autriche et l'Italie.

Ensuite de ces préparatifs de la Prusse, les Chambres décidèrent de mobiliser tous les jeunes gens jusqu'à trente ans ; des fonds furent votés au budget de la guerre pour faire instruire cette jeunesse... On était bien averti alors, mais rien ne fut mis à exécution. L'argent voté passa avec celui des pères de famille qui faisaient exonérer leurs enfants, lesquels n'étaient point, pour cela, remplacés dans les corps.

Ce marchand d'hommes n'engagea pas moins la guerre avec la Prusse, sans avoir ni le matériel ni les hommes nécessaires, puis nous fit ses adieux à Sedan en nous laissant pour héritage les entourages et la suite de dix-sept milliards de dettes.

Il est donc bien utile de mettre tous ces faits, dont l'exactitude est incontestable, sous les yeux des honnêtes gens de la campagne, pour qu'ils puissent les apprécier et se tenir en garde contre les amis de l'Empire, contre les hommes de ce gouvernement déchu qui auraient le désir d'entrer dans la ligue républicaine : il faut savoir s'ils sont réellement républicains. Il nous faut encore représenter à cet honorable travailleur de la campagne qu'il pourrait trouver quelquefois un seigneur du village, parfois même M. le curé de son pays, qui lui donneraient gracieusement leurs petits avis.

Il faut encore bien se méfier des airs courtois de ces deux robes, et savoir si leurs voix parlent bien dans l'intérêt de l'électeur ouvrier.

Nous ne donnerons, nous, aucun avis ; nous prierons seulement les électeurs de bien chercher à connaître leurs candidats, de se renseigner sur la stabilité de leur caractère, sur leur manière de voir et de comprendre les affaires administratives, et nous dirons ensuite que le vote est une chose sacrée ; que, pour le vote, l'homme doit conserver toute sa liberté, qu'il ne doit obéir à aucune puissance qu'à sa propre volonté.

LETTRE

A M. AGRICOLE PERDIGUIER,

Ex-représentant du peuple en 1848.

MONSIEUR,

A mon dernier voyage à Paris, nous avons parlé de plusieurs petites choses, mais nous n'en avons pas dit assez, comme vous le savez, parce que l'heure me pressait pour prendre le train qui devait me ramener le soir à Poitiers. Au moment de nous séparer, nous parlions de l'article que vous rédigiez pour être publié dans l'*Opinion nationale*. En vous serrant la main avec la plus profonde estime, je vous ai dit : « Bien que je sois plus jeune que vous, je veux étudier cet article, et je vous écrirai ensuite ma manière de juger la chose. » Avant d'entrer dans aucune observation sur ce sujet, je dois vous dire que j'ai souvent remarqué qu'il existait entre nous une parfaite concordance d'idées et d'actions. Ainsi, sans nous être vus, sans nous être concertés en 1855, époque où M. le juge de paix de mon canton m'avait signalé comme homme dangereux pour l'Empire, j'écrivais le *Nouveau Manuel des écoles primaires et communales de la campagne* pour mettre les jeunes esprits de l'époque en rapport avec les progrès et l'industrie. (J'ai été paralysé dans ce travail, mais il n'en a pas moins été fait.) Vous, à cette même date, vous preniez les adultes. — Vous avez créé une école pour eux, et dans votre poème vous avez flétri des chants opiniâtres qui surexcitaient les ouvriers entre eux, qui engendraient disputes, querelles et rixes entre les compagnons du devoir et ceux de la liberté.— Par vos chansons bien exprimées vous leur appreniez qu'ils devaient s'unir, s'entr'aider, et que l'union devait les émanciper. Dieu sait comme j'aurais été heureux si, dans ce moment, j'avais pu me faire votre écho.

Mais j'ai été obligé de quitter la France et de suivre ma protectrice, qui me fit parcourir l'Allemagne, l'Italie et même la Grèce, pour me soustraire aux recherches de la police de l'Empire.

Revenons maintenant à l'article que vous avez publié dans l'*Opinion nationale* sur le mandat impératif demandé par le journal la *Constitution nationale*, au moment de l'élection de M. Vaudrin. Vous avez lutté contre les idées des économistes politiques de la Constitution. Je crois que vous avez eu raison. Ils ont fait valoir que le mandat impératif existe en Amérique. C'est vrai, mais l'Amérique a ses institutions républicaines établies depuis longtemps ; il n'existe chez eux aucun parti perturbateur. Elles suivent une marche régulière.— Mais, dans la situation où la France se trouve, le mandat impératif présenterait des difficultés insurmontables pour le mandataire, par suite du désaccord qui existerait entre les mandants. Cependant cela doit rester au choix des électeurs ; ce sont eux qui ont la souveraineté, qui doivent dire : nous voulons donner un mandat libre ou un mandat impératif.

En prenant un autre ordre d'idées, je trouve encore que vous avez eu raison. Je prends votre raison dans ce sens : faut-il de la suspicion entre le mandant et le mandataire? non, mille fois non..., parce que le mandant ne doit donner son mandat qu'à celui en qui il a confiance; il doit le donner à un homme qui lui est dévoué et qui est reconnu sincère dans ses convictions et dans ses actions. Le mandataire, de son côté, doit être fidèle à son mandat: il doit se tenir en rapport avec ses électeurs, chercher à connaître leurs besoins et protéger leurs intérêts.

Il doit surtout bien reconnaître la classe qui lui a donné son mandat, et rechercher ensuite les intérêts généraux.

Dans tous les gouvernements passés, on a oublié de protéger l'ouvrier, on a quelquefois même méconnu son mérite; on a oublié que c'est lui qui nous procure les moyens d'existence; on a oublié les peines qu'il endure en exposant sa vie tantôt au sommet de nos monuments les plus élevés, tantôt dans les profondeurs des entrailles de la terre, qu'il creuse pour en extraire les produits qui nous sont utiles ; on a oublié les sueurs dont il arrose le sillon pour nous donner le pain et le vin de chaque jour; on a oublié que cette classe ouvrière est la classe noble, parce qu'elle fait produire ce dont chacun a besoin pour ses goûts et son existence.— On a porté l'oubli bien plus loin encore : on a oublié l'honnête instituteur de campagne, qui rend tant de services à une commune. C'est lui en effet qui guide nos jeunes enfants dans les premiers pas de la vie intellectuelle; c'est lui qui est appelé à former leurs jeunes intelligences. Que de déboires, que de fatigues n'éprouve-t-il pas alors dans ses modestes fonctions! Eh bien! c'est à peine si on lui a accordé une modique rémunération qui lui permette une existence au-dessus du besoin et lui donne les moyens d'élever convenablement sa famille. — On a oublié surtout de rendre l'instruction gratuite et obligatoire.

Nous ne pouvons peindre tous les oublis du passé ; cependant nous en signalerons encore un que nous voyons avec douleur : les employés des chemins de fer, dont la vie est si souvent en péril, ne sont pas non plus rétribués convenablement. Leurs traitements n'ont pas changé, et cependant les prix de consommations journalières sont bien augmentés.

Ce sont des omissions auxquelles les administrateurs des compagnies doivent songer; il faut penser surtout que ces défauts d'égards bienveillants engendrent de l'antipathie entre le pauvre et le riche, entre l'administrateur et l'administré. Il faut penser encore que le riche ne peut trouver aucun avantage en oppressant l'ouvrier, en l'accablant de charges. L'ouvrier dans la gêne présente moins de courage pour le travail, moins de courage pour faire face à ses affaires; il offre moins de sécurité pour l'homme à qui la fortune sourit; les intérêts de ce dernier se trouvent souvent compromis par le mécontentement et le défaut d'aisance de la classe ouvrière. Il faut un dévoûment, un soutien mutuel de part et d'autre. Pour que l'ouvrier puisse travailler avec plaisir, il faut qu'il soit dévoué à son maître, qu'il lui soit attaché par les sympathies. Le maître, pour être bien servi, pour que l'ouvrier soutienne ses intérêts, doit chercher par les bonnes convenances, par les bons procédés, à obtenir l'estime et le dévoûment de son serviteur (*sic*). C'est dans la compréhension de ce droit que l'ouvrier honnête et éclairé a cherché à faire connaître le mérite qui doit rejaillir sur l'ouvrier que guide la sagesse. Malheureusement la lumière n'a pas pénétré partout. Des sociétés ont cherché à l'obscurcir, des plumes vendues l'ont voilée, et mille désastres alors se sont produits au sein de tous les partis. Il faut donc à la

France une consolidation ayant pour base l'équité, les actions légales.

Il faut d'abord le maintien de la République. Ce maintien, nous l'aurons : la France l'a dit, la France le veut; et nous devons, nous autres hommes de l'indépendance, libres-penseurs, éclairer les hommes qui ont besoin de lumières, en demandant nous-mêmes la lumière qui nous manque.

Il faut aider à M. Thiers, puisqu'il a promis d'être fidèle à la République; en lui aidant, il exécutera plus facilement sa tâche. Pour inaugurer l'ère nouvelle qui va s'ouvrir pour le pays, il faut lui envoyer des hommes du progrès, des hommes qui comprennent les grandes choses.

Ah! dites donc bien haut, si haut que votre voix passe par-dessus les nuages, dites qu'il faut que la puissance vote pour la puissance, que les riches votent pour les riches, que les cléricaux votent pour leurs gens, parce qu'ils nous rendront très-religieux suivant la religion dite catholique, apostolique et romaine, et qu'ils nous conduiront en guerre pour nous ramener un roi. Mais dites surtout bien haut à la société ouvrière, au commerçant, enfin à tous les travailleurs de la ville et de la campagne, qu'il faut choisir des travailleurs, des hommes reconnus amis du progrès, qui ne se sont jamais vendus, n'importe quelle soit leur fortune, qu'ils soient riches ou pauvres; n'importe quelle soit leur profession, qu'ils soient avocats ou maçons, mécaniciens ou tailleurs, rentiers ou laboureurs. Il faut des hommes qui ont pris pour principe la prospérité de l'ouvrier, laquelle forme la prospérité de tous, et la sécurité du commerce.

Veuillez agréer, Monsieur, l'assurance de l'estime et du dévoûment de votre très-humble serviteur.

Nous donnons ci-après le prospectus du NOUVEAU MANUEL DES ÉCOLES PRIMAIRES ET COMMUNALES, *adressé à Messieurs les instituteurs.*

NOUVEAU MANUEL

des Écoles primaires et des jeunes Agriculteurs.

COURS COMPLET ET GRADUÉ DE LECTURES COURANTES.

MONSIEUR,

L'expérience que j'ai acquise de plusieurs procédés agricoles m'a engagé à livrer au public les utiles observations que m'ont suggérées la pratique et le désir de procurer à mon pays des avantages que je crois encore ignorés d'un grand nombre.

En cherchant le moyen le plus efficace pour répandre ces découvertes et les mettre à la portée des petits cultivateurs, trop étrangers aux progrès que l'agriculture a faits dans quelques contrées de la France, j'ai cherché les véritables causes qui mettent obstacle aux progrès de l'agriculture et tiennent les malheureux habitants de la campagne dans une indifférence déplorable et fatale à la société elle-même.

Si l'on parcourt la campagne, dans certaines contrées surtout, on trouve de mauvais assolements, de mauvais labours, et très-peu de prairies artificielles. Si l'on entre dans la cour du fermier ou du petit propriétaire, on trouve au milieu une mare qui reçoit les eaux pluviales après qu'elles ont filtré à travers les fumiers répandus dans la cour ; là, vient s'adjoindre l'urine des animaux. Pendant les chaleurs de l'été, qui, en diminuant le volume de ces eaux stagnantes, les corrompent, leurs émanations vicient l'air aux alentours des bâtiments de la ferme, et déterminent chez l'espèce humaine des épidémies, chez l'espèce animale des épizooties. Si l'on pénètre dans les étables ou dans les écuries, on trouve entassé derrière les animaux le fumier, duquel se dégagent des miasmes délétères se mêlant à l'air déjà vicié par le manque d'ouvertures à ces mêmes habitations.

Partout les animaux des fermes sont privés des soins hygiéniques; partout les pratiques les plus ridicules sont substituées, depuis des siècles, aux moyens précieux de conservation des animaux domestiques,qui font le bien-être du fermier et du pays. Après les chaleurs de l'été, combien ne voit-on pas se déclarer d'épizooties charbonneuses, inflammatoires et gangreneuses, qui détruisent une quantité d'animaux ! Pendant l'hiver, combien également ne voit-on pas périr de troupeaux de l'espèce ovine par la cachexie aqueuse ou autres maladies ! Tous ces fléaux, qui causent la ruine de tant de braves cultivateurs, occasionnent aussi d'affreuses disettes. Cependant les moindres petits soins hygiéniques pourraient prévenir tous ces malheurs. Ce qu'il y a de bien malheureux encore, c'est que les enfants n'entendent jamais parler qu'avec dédain et mépris de la profession de leurs pères; ils n'entendent jamais dans les écoles un seul mot sur les avantages précieux et solides qu'ils peuvent trouver un jour, par leur travail, dans cette terre que trop d'individus foulent aux pieds sans se douter des trésors immenses qu'elle renferme dans son sein, s'imaginant que labourer est la dernière des industries. Dès lors, la jeunesse déserte la campagne et se rend dans les villes, où elle compte trouvr une meilleur sort. Aussi les villes fourmillent de jeunes gens désœuvrés et trompés dans leur espoir, tandis que l'agriculture manque de bras. Ce funeste état de choses engendre la concurrence entre les ouvriers des villes, nous amène des moments de chômage, de désœuvrement, puis de la malversation, choses qui appauvrissent la société ouvrière, pendant que la terre reste inculte.

Pour remédier à tous ces inconvénients et faire connaître d'intéressants procédés, pour faire en un mot le bonheur de la société, j'ai fait tous mes efforts pour composer un ouvrage convenable aux écoles des campagnes, au moyen duquel les fils de cultivateurs pourront se faire un cours de lecture convenable, et suivre des théories qu'ils mettront en pratique après avoir quitté les bancs de l'école.

DIVISION DE L'OUVRAGE.

La première partie contient l'origine des corps.

La deuxième traite du règne minéral, du règne animal, du règne végétal.

La troisième partie traite de l'air, de ses influences, de la propriété poreuse des corps et de la mesure des surfaces.

La quatrième contient un cours d'agriculture, dans lequel on traite de la culture de toutes les plantes cultivées en grand, de l'influence du climat sur les plantes, des divers modes de culture à appliquer selon le climat, des situations locales, de l'éloignement des villes, du débit des mêmes plantes, du nombre de bras que l'on peut se procurer, de la constitution des divers sols, des engrais et amendements à affecter à leur amélioration.

La cinqième partie contient un cours d'hygiène à l'égard des animaux domestiques et un cours d'architecture rurale.

Si ce travail peut vous intéresser, daignez, Monsieur, m'apporter votre concours en m'honorant de votre souscription. Vous procurerez par là, de concert avec moi-même, mille avantages à votre localité.

Recevez, Monsieur, l'assurance de ma considération très-distinguée.

RIBAULT.

Agriculteur diplomé, propriétaire à Doussay, par Lencloître (Vienne).

Les souscriptions ne seront reçues que FRANCO. *Chaque souscription devra comporter dix exemplaires au moins, à 1 fr. 25 l'un. Le montant de la souscription sera payé au moyen d'une traite qui sera faite trois mois après la réception de l'envoi.*

TABLE.

Poitiers. — Typ A. Dupré

www.ingramcontent.com/pod-product-compliance
Lightning Source LLC
LaVergne TN
LVHW020042170826
845678LV00001B/391
9782329690568